科学探秘
培养儿童科学基础素养

U0181314

了解恐龙
可爱的恐龙蛋

温会会 / 文　曾平 / 绘

浙江摄影出版社
全国百佳图书出版单位

太阳快要下山了，森林里却热闹起来。
恐龙们纷纷出动，开始寻找食物啦！

瞧，大大小小的恐龙分布在森林的各个角落。此时，他们的脑海里都在想同一个问题："今晚吃什么好呢？"

突然，山坡上滚下来了一个
椭圆形的蛋。
大家纷纷瞪大了眼睛。
"咦，这是谁的蛋呀？"

异特龙和翼龙的眼睛都直勾勾地盯着蛋。
"哇，这个蛋看起来好像很好吃！"异特龙说。
就在这时，翼龙扑腾着翅膀，朝着蛋扑了过来。

"蛋是我的！"翼龙大喊一声。说完，他就叼起蛋飞向空中。

即将到手的美食飞了，异特龙气得直跺脚！

责任编辑　陈　一
文字编辑　徐　伟
责任校对　朱晓波
责任印制　汪立峰

项目设计　北视国

图书在版编目（ＣＩＰ）数据

了解恐龙 ： 可爱的恐龙蛋 / 温会会文 ； 曾平绘
. -- 杭州 ： 浙江摄影出版社，2022.8
（科学探秘·培养儿童科学基础素养）
ISBN 978-7-5514-4054-7

Ⅰ．①了… Ⅱ．①温… ②曾… Ⅲ．①恐龙－儿童读
物 Ⅳ．① Q915.864-49

中国版本图书馆 CIP 数据核字（2022）第 137426 号

LIAOJIE KONGLONG : KEAI DE KONGLONGDAN

了解恐龙：可爱的恐龙蛋
（科学探秘·培养儿童科学基础素养）

温会会 / 文　曾平 / 绘

全国百佳图书出版单位
浙江摄影出版社出版发行
　　　地址：杭州市体育场路 347 号
　　　邮编：310006
　　　电话：0571-85151082
　　　网址：www.photo.zjcb.com
制版：北京北视国文化传媒有限公司
印刷：唐山富达印务有限公司
开本：889mm×1194mm　1/16
印张：2
2022 年 8 月第 1 版　　2022 年 8 月第 1 次印刷
ISBN 978-7-5514-4054-7
定价：39.80 元